安全连着你我他

认识电弧防火灾

中国电力科学研究院有限公司
国家电网反窃电技术研究中心 ｜ 组编

中国电力出版社
CHINA ELECTRIC POWER PRESS

内容提要

随着社会经济的发展和电力科学技术的进步，安全用电知识也在不断更新，普及公众安全用电知识、提高公众用电安全意识，须与时俱进、常抓不懈。

本书是丛书《安全连着你我他》的一个分册，主要介绍了电弧的概念、生活中的电弧、分布式光伏发电和新能源车中的电弧安全，以及故障电弧智慧防范。

本书以图文并茂的形式、通俗易懂的文字、丰富实用的内容，为公众解读了电弧与用电安全的相关知识。本书可供社区居民借鉴使用，也可以作为中小学生开展安全知识普及宣传用书。

图书在版编目（CIP）数据

安全连着你我他：认识电弧防火灾 / 中国电力科学研究院有限公司，国家电网反窃电技术研究中心组编 . — 北京：中国电力出版社，2024.4

ISBN 978–7–5198–8684–4

Ⅰ.①安… Ⅱ.①中… ②国… Ⅲ.①电弧 – 电气设备 – 防火 – 普及读物 Ⅳ.① TM08–49

中国国家版本馆 CIP 数据核字（2024）第 023812 号

出版发行：中国电力出版社
地　　址：北京市东城区北京站西街 19 号（邮政编码 100005）
网　　址：http：//www.cepp.sgcc.com.cn
责任编辑：崔素媛（010–63412392）
责任校对：黄　蓓　王小鹏
装帧设计：赵丽媛
责任印制：杨晓东

印　　刷：三河市百盛印装有限公司
版　　次：2024 年 4 月第一版
印　　次：2024 年 4 月北京第一次印刷
开　　本：710 毫米 × 1000 毫米　16 开本
印　　张：2.75
字　　数：29 千字
定　　价：25.00 元

编 委 会

前 言

电能是企业生产、社会生活使用最为广泛的能源之一，给人们生产生活带来了便捷，同时用电安全也关乎着经济社会的发展和人民群众生命财产的安全。近年来，随着新能源汽车充电、分布式光伏发电等新兴用电场景不断涌现，潜在的用电安全风险愈发不容忽视，广大公众对用电安全知识的渴求与日俱增，因此亟需开展高质量的用电安全科普工作帮助公众提升用电安全意识，构筑全社会共治共享的安全用电环境。

《安全连着你我他》科普丛书讲述的是与人们生活息息相关的用电安全常识和科学防护措施。本书通过生动有趣的漫画形象和直观易懂的讲述，旨在提高读者的阅读兴趣，使得科普知识更易被吸收和理解，用电安全指导更加可行和有效。

本科普丛书由中国电力科学研究院有限公司 / 国家电网反窃电技术研究中心、中国电机工程学会供用电安全技术专委会联合众多科研专家及一线工作人员共同编写，编写团队具有丰富的科学研究和现场检查经验及隐患分析能力，具备良好的科普作品编写基础。同时，国网重庆电力、国网浙江电力、国网安徽电力、国网四川电力、国网福建电力、国网江苏电力、国网北京电力、国网上海电力、国网河南电力、北京合众伟奇科技股份有限公司等多家单位的专家提供了宝贵资料和技术支持，湖南大学、华北电力大学、西安交通大学等高校教授给出了专业的指导建议以确保内容的可靠性并富含教育意义，国家电网有限公司营销部对丛书出版给予了大力支持，在此一并表示感谢。

本分册围绕故障电弧防护主题，对电弧相关的物理原理、形成条件、检测方法、防范技术等安全防护知识内容进行了科学、全面、系统的介绍，客观真实地反应了各类场景下电弧预防的必要性，通过理论知识和实践相结合，生动有趣地展示了电弧的各方面知识及防护技术，具有较好的技术性、专业性和指导性，从而能够更好地引导正确用电行为。

作者

2024 年 1 月

目　录

一、你是电，你是光

⚡ 什么是电弧

电弧是一种气体放电现象，是电流击穿空气所产生的电光。伴随着电弧的产生和生长，它的四周会产生大量的热量，其温度可高达3000~4000℃，弧心温度甚至能达到10000℃。从能量转换的角度来看，电弧现象是电能转换成了热能和光能，同时也产生了声音和电磁辐射等其他形式的能量释放。

生活中的电弧

自然界中存在着一种常见的电弧放电，那就是闪电。闪电是云与云之间、云与地之间或者云体内各部位之间的强烈放电现象，闪电发生时，其内部电弧温度可达 17000 ~ 28000℃不等，相当于太阳表面温度的 3 ~ 5 倍。极度高热使沿途的空气剧烈膨胀并移动迅速，产生波浪并发出声音。

闪电

⚡ 电弧的结构

电弧的产生过程非常迅速，以至于我们无法通过肉眼观察到它是如何发生和变化的。科学家们通过理论推导和试验验证，帮助我们掌握了电弧的结构。

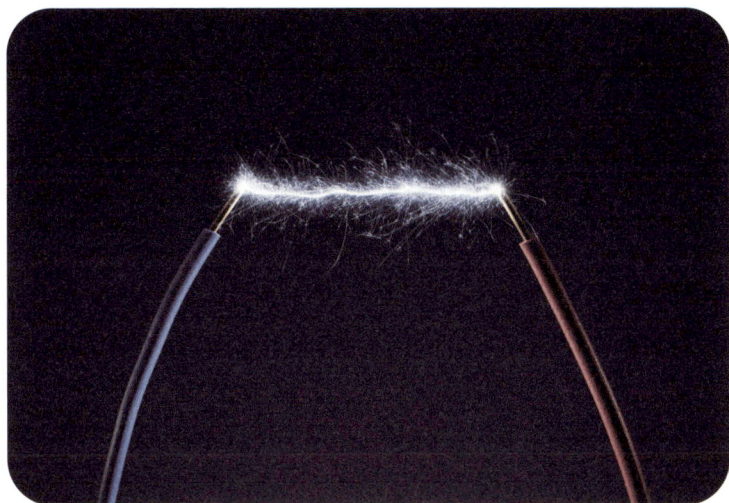

电弧的产生

电弧通常由三个部分组成：阴极区、弧柱区和阳极区。气体发生电离后，阴极表面逃逸出的电子向着阳极高速运动，弧柱区依靠中性粒子的热运动而相互碰撞，产生了自由电子和带电的正离子，然后形成通路。由此可见，产生电弧的必要条件主要有电压、间隙和传导介质。

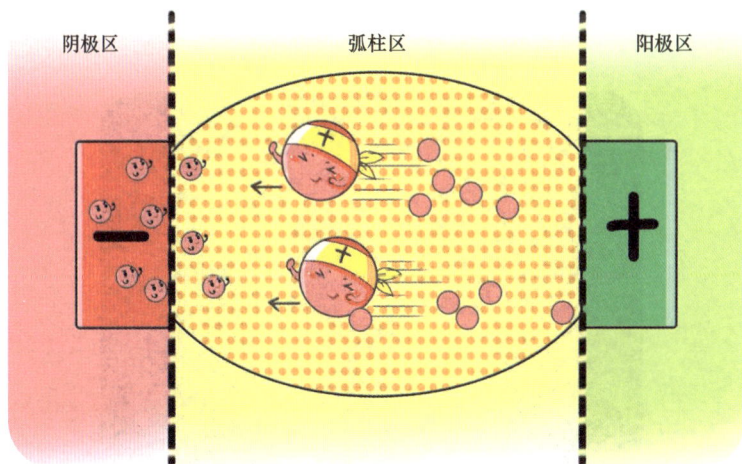

| 阴极区 | 弧柱区 | 阳极区 |

电弧的组成结构

当气体放电的原理被人们掌握后，它便被广泛运用到了日常生产和生活当中。

◎ **电弧点火**

燃气灶依靠电弧在点火针处产生的电火花，将燃气点燃，从而有效满足家庭烹饪的需要。

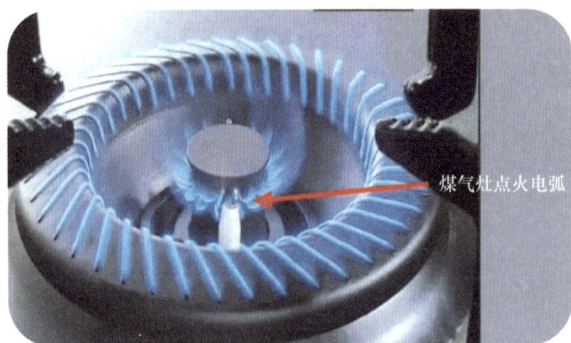

煤气灶点火电弧

燃气灶的点火电弧

火花塞是汽油机点火系统的重要元件，它利用高压导线（火嘴线）送来的脉冲高压击穿火花塞两极间空气产生电弧火花，点燃气缸中的可燃混合气体，从而提供引擎动力输出所需能源。

火花塞的电弧

◎ **电弧照明**

氙气灯是一种使用氙气产生电弧并发光的灯泡。它们具有高亮度和高色温，广泛应用于汽车前大灯、舞台照明和摄影器材中。

氙气灯的电弧照明

◎ **电弧焊接与电弧切割**

电弧焊接是一种常见的金属焊接技术，它以电弧作为热源，利用高温将焊条与工件熔化并互相连接在一起。同样，电弧切割是通过强大的电弧来熔化和切割金属。

电弧焊接

◎ **电弧冶炼**

电弧炉是利用电极间电弧产生的高温冶炼矿石和金属的电炉。对于熔炼型的金属，比如炼钢，电弧炉比其他炼钢炉的工艺灵活、性能强大，能有效地除去硫、磷等杂质，而且炉温容易控制，设备占地面积小，适用于优质合金钢的熔炼。

炼钢炉的电弧冶炼

"好弧" VS "坏弧"

电弧的科学利用为我们的生产生活带来诸多便利，比如之前提到的电弧焊、电弧点火等，这类电弧叫作"好弧"。但有一些电弧并不太友好，它们会给人们制造麻烦，我们称之为故障电弧，也叫作"坏弧"。

故障电弧分为串联故障电弧、并联故障电弧、接地故障电弧。

串联故障电弧发生在一根导线上，当破损点两端有电压存在时，就会有电流击穿空气在破损点处流过，这时就产生了串联故障电弧。

串联故障电弧

并联故障电弧发生在两根导线之间，当两根导线的绝缘层破裂，并且裸露的导线离得很近时，就容易击穿空气产生并联故障电弧。

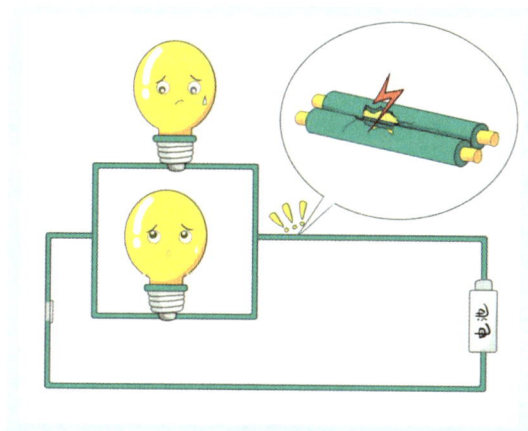

并联故障电弧

接地故障电弧发生在导线与大地之间。导线破损时，若近距离存在接地导体，导线可能会击穿空气产生电流流入大地，此时就产生了接地故障电弧。

接地故障电弧

电弧在接通的电路中等效于一个电阻。由于电弧具有较高的电导率，其阻值相对较低。在串联故障电弧中，电弧和用电负荷串联，电弧电流一般相对较小；而在并联故障电弧和接地故障电弧中，电弧和用电负荷并联，相当于把用电负荷短路，电弧电流一般较大，能量高，造成的危害更严重。

知识链接

好好的电线怎么就会破了呢？

当电气设备和线路出现接触不良、虫鼠啃咬、虚接、机械损伤，或线路老化等破坏性因素出现时，都容易导致线路出现破损的情况，为故障电弧的出现埋下隐患。

线缆受到过大的压力（由插接位置不当引起）	破损或绝缘劣化的设备插头	墙面插座松脱	电缆保护层老化
电缆链接处松动	电缆意外损坏	连接松动	电缆受环境破坏：紫外线、振动、潮湿、鼠害

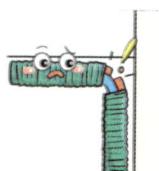

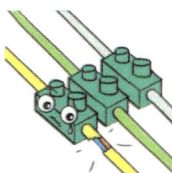

直流电弧和交流电弧

电有直流电和交流电之分，我们平时使用的市电都是交流电。日常生活中有一些电器可以通过电源适配器将交流电转化成直流电使用。电弧也有直流电弧和交流电弧之分，相对应的直流电系统中发生的电弧为直流电弧，交流电系统中发生的电弧为交流电弧。

冰箱、电视、空调等是交流电器

手机、电动剃须刀、手电筒是常见的直流电器

由于两种电流本身的属性不同，直流电弧与交流电弧之间也有着明显的差别。差别之一就是直流电弧不过零点，一旦产生，若不加干预，直流电弧就会持续存在，直到电源电压不足或气压湿度等外部环境条件下不再支持其存在。而在交流电路中，电流的大小和方向随时间变化，因而交流电弧的温度、直径以及电弧电压也会随时间变化，在电弧电流过零时，电弧会自然熄灭，到下一个周期又会自动重燃。

知识链接

交流电与直流电

交流电流的特征是大小和方向不停地变化，周而复始。上一时刻由相线经灯泡流向中性线，并且是由小变大再变小。到过零点处的时刻，电流为零。下一时刻由中性线经灯泡流向相线，并且也是由小变大再变小。而直流电则会保持不变。

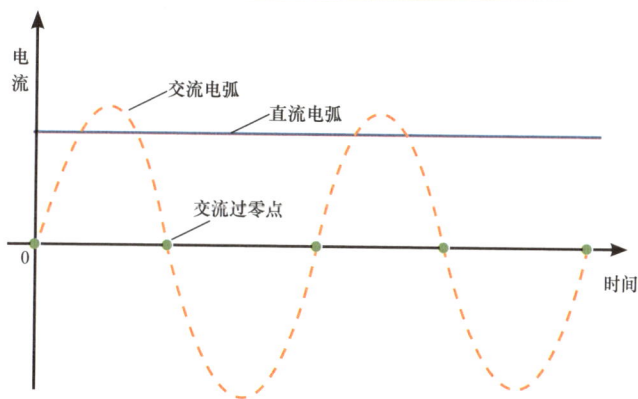

交流与直电电流的区别

二、常伴你身边——生活中的电弧

插拔电器有火花，是故障吗？

家用电器正常工作中所进行的插拔动作导致的电弧，一般不需要特别防范

由于线路故障导致的电弧就要及时维修

插拔电中引起的电弧不需防范，故障电弧要维修

我们在使用家用电器时经常会碰到一种现象，当插头插入插座的时候，会在一瞬间产生火花闪光，这种火花就是电弧。由于插头的电极和插座的电极之间有电压差，如果插头后面的电器是接通状态，当二者接近的距离很小时，就有可能因为电压击穿了那个小间隙产生电弧放电。电器功率越大，产生的火花闪光就越亮。这种电弧一般比较短暂，在电器完全接通后就会消失，是正常现象。如果家用电器在正常用电的过程中插座频繁闪光，或发出异味、高温发热、烧蚀等现象，则有可能是家用电器或线路故障导致的，需要及时维修更换。

供电公司的困惑——配电柜电弧

日常生活中，我们经常使用排插将某一路电能分配给不同的电器使用。同样，供电公司也使用一种装置将电能分配给不同的楼栋、楼层，这个装置就是配电柜。作为配电系统的末级设备，配电柜将上一级配电设备传递过来的某一路电能分配给就近的负荷，同时对负荷进行保护和监控。高层住宅等小区内一般都会设置一个低矮的"房子"，它就是配电柜。配电柜就像一个更大的排插，在它运行过程中，内部也可能产生电弧。

小区配电柜

知识链接

智能配电柜

随着科技发展，如今的智能配电柜可以实时监控各路电流，并可设定电流异常的预警值。如 16 安开关设定报警值为 14 安，电流超过 14 安·时就会报警，可预先发现运行隐患，避免电流过大时开关直接切断电源，造成整个机柜设备断电。另外，输出分路选用热插拔断路器，可以实现在不断电的情况下增加输出分路、更换故障开关。部分配电柜还具备电流相位调整的能力，可以轻松实现线路相位的灵活调整，降低电力损耗，优化设备运行状态。

　　配电柜中的电弧一般是由于绝缘老化、电气接线松动等而产生的。虽然配电柜内的线路没有直接经受风吹日晒，但随着季节更替，配电柜后端的用户负载功率会发生明显变化，特别是夏季空调和冬季暖风都会极大增加配电柜线路中的电流，绝缘层长时间发热会影响寿命，加速老化损坏，此时电弧危害就会隐匿在配电柜内部。

　　物业管理通过一系列日常维护及监测措施来确保配电柜的安全和稳定运行，从而避免电弧潜在的危害。

知识链接

配电柜的电弧保护

　　由于城市中有着数量庞大的配电柜，单靠人工巡视的效率太低，因此供电公司的配电柜通常都装有电弧保护装置。这类装置对电弧的探测有两种常见的方式：

　　采用压力传感器作为电弧光探测单元：电弧现象会使配电柜体内的压力产生波动，通常在电弧出现后的10毫秒后发生，因此通过在柜体内安装压力传感器，探测柜体内压力峰值变化，可以有效检测到电弧产生。当探测到压力峰值异常时，电弧监测装置即发出动作指令，控制开关器件动作切断故障。

　　采用光纤传感器作为电弧光探测单元：电弧现象会产生强烈的光和热，因此柜体内出现的弧光可以被光纤传感器探测到。

当弧光监控系统探测到异常，会发出动作信号给开关器件，迅速切断故障。这种方法的探测反应时间仅为 1 毫秒。

⚡ 电弧的日常防范

生活中的电弧虽然看似寻常，仍需提高警惕，特别要避免故障电弧引发火灾。

◎ 拔插插头前检查电器状态

确保电器处于关闭状态后，再对插头进行拔插操作，可以有效减少插座闪光，延长插座和电器的使用寿命。

◎ 使用合格的电器产品

应选用和购买正规厂家生产或有质量合格认证的插座、充电器、电线、电热毯、电热水器、电暖气等电器产品。

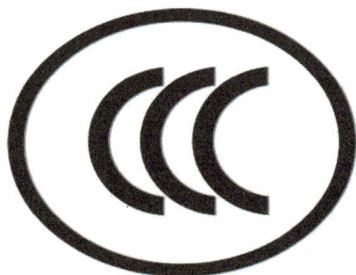

3C 认证标志

◎ 注意检查家庭电路

每年进行家庭用电安全检查，注意检查家庭电线和插座是否有磨损、裂纹或暴露的金属部分，有条件还可以请专业人士协助检查，如果发现问题，应及时更换或修复。

检查家庭线路

◎ **避免过载、过热**

不要长时间为手机、充电宝等电子设备充电，避免长时间高负荷使用电器；电热水器、浴霸等大功率电器需要使用大功率专用插座；不要串接、超负荷使用插线板；长期不用的电器可关机并拔下电源插头。

◎ **避免乱拉乱接电线**

不要在家中乱接乱拉电气线路，切记不能使用麻花线、绞接方式连接或将不同型号、规格的电线连接。

乱拉乱接

◎ **发现异常及时报修**

若发现配电设施出现异常，及时通知物业公司、供电公司前来处理。

三、躲在阳光下——光伏发电与电弧

⚡ 分布式光伏发电

分布式光伏发电系统是指在用户所在场地或附近建设运行，以用户侧自发自用为主、多余电量上网且以配电网系统平衡调节为特征的光伏发电设施。分布式光伏发电系统一共有三种运营模式：全部自用、自用为主余电上网和全额上网。

分布式光伏发光场景

我国平均日照条件下安装 1 千瓦光伏发电系统，每年可发出 1200 千瓦·时电，减少煤炭（标准煤）使用量约 400 千克，减少二氧化碳排放约 1 吨。根据世界自然基金会 (WWF) 的研究结果：按减少二氧化碳的效果计算，安装 1 米^2 的分布式光伏发电系统相当于植树造林 100 米^2。发展光伏发电等可再生能源发电是从根本上解决雾霾、酸雨等环境问题的有效手段之一。

知识链接

光伏发电技术

光伏发电技术是一种将太阳能直接转化为电能的技术，它利用光子的能量，通过光伏板将光能转化为直流电能。

光伏发电可以节约很多用电成本。对于一般家庭用电而言，如果太阳光照比较充足，光伏发电量较易满足甚至超出家庭日常用电量，而超出的这部分电量又可以进入公共电网并向电力公司出售，从而获得一定的收益。

光伏发电可以有效保护自然环境。相比传统能源发电方式，光伏发电过程没有任何污染物的释放，不会对大气、水源、土地以及动植物等自然生态环境造成任何损害。当前人们越来越注重并认同"节能减排"理念，采用光伏发电是非常环保和理性的选择。

当然在使用光伏发电设备时，我们需要考虑设备的安全性问题，同时也需要注意设备的维护和保养，以确保其高效的发电效率和较长的使用寿命。

光伏板

光伏板是光伏发电设备的核心部件，它由多个薄片组成，薄片中含有特殊的半导体材料（通常是硅）。当太阳光照射到光伏板上时，光子会激发光伏板中的电子，使电子从原子中跃迁出来，形成电荷。这些电荷在光伏板内部的电场作用下，形成直流电流。

光伏板由一组组太阳电池组件通过串、并联方式连接到一起，再配合上功率控制器等部件就形成了光伏发电装置。

知识链接

光伏效应

光伏效应（Photovoltaic effect）是指当光照射到某些材料（如半导体）上时，会引起材料内部电荷的分离和移动，从而产生电流的现象。在光伏效应中，光子激发了材料中的电子，使其跃迁到导电带中，形成自由电子和空穴，这些自由电子和空穴的运动形成了电流。光伏效应的本质是将光能转化为电能，在太阳能利用中起着重要的作用。

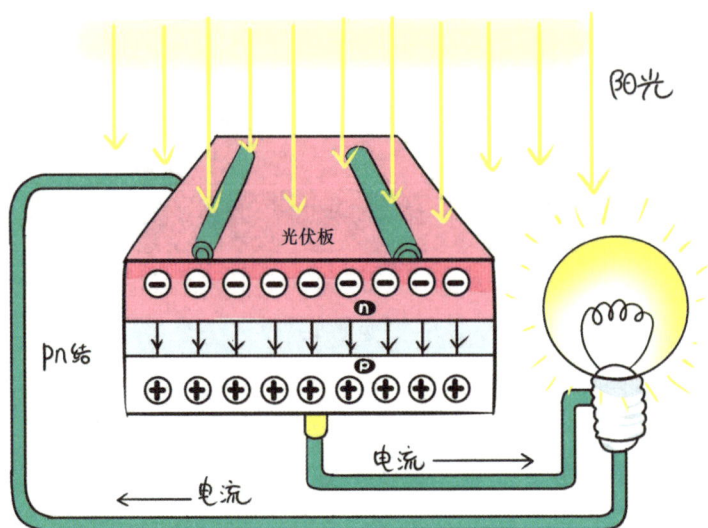

阳光

光伏板

pn结

n

p

电流

电流

光伏效应原理图

⚡ 光伏设备中的电弧

光伏发电装置中流动的是直流电，为了将直流电转化为可供家庭或公共电网使用的交流电，需要使用逆变器。

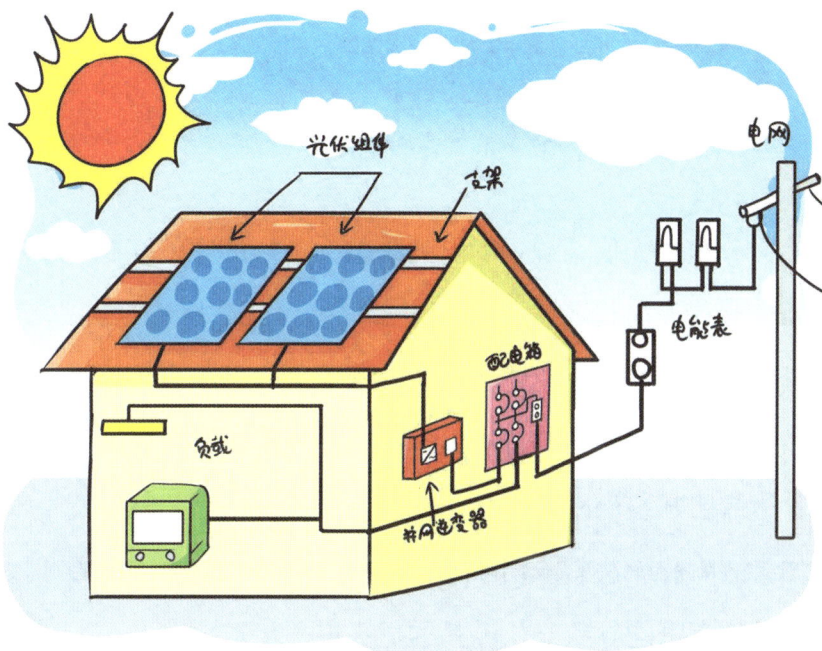

分布式光伏发电原理图

由于组件之间相互串联，一串光伏组件的电路往往具有600~1000伏的高电压，而且由于光伏组件产生的是直流电流，没有像交流电一样的"过零点"，因此直流电弧一旦产生往往更不容易熄灭，长时间的故障就会产生明火，导致火灾。事实上，80%以上的光伏电站火灾事故是因为直流故障引起的，由直流高压引起的电弧火花常常是光伏设备火灾的"元凶"。

光伏设备火灾现场

那么分布式光伏系统中的电弧是怎么产生的呢？

由于光伏发电设备一般安装于室外屋顶或高层建筑窗外等位置，常年风吹日晒，不可避免地会出现设备老化的现象。若日常运行维护不当，随着时间推移就有可能出现控制器故障、线缆破损、导线接触不良、绝缘层开裂裸露等问题，在高电压的作用下，就会产生直流电弧。如果故障后无法紧急切断电弧连接的电源，或火灾报警和灭火设施不足，都有可能导致光伏电弧的危害进一步扩大。

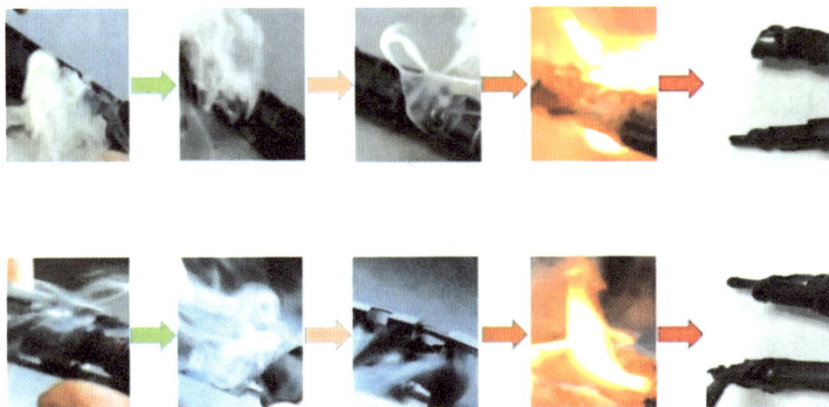

光伏组件连接器产生电弧起火

⚡ 如何防范光伏电弧

为了防止故障电弧的产生、降低故障电弧的危害，必须采取有效的措施减少直流电弧的产生，并在故障后第一时间切断电弧电源，将故障造成的损失降到最低。

◎ 选择高质量的设备组件

要从正规渠道选择质量可靠的光伏组件产品及光伏线缆、连接器等零部件。

◎ 请专业人员安装

请专业技术人员上门安装，切勿自行安装，安装耗材也要选取抗腐蚀性强、抗氧化性能佳、硬度高、拉伸力强的设备。光伏连接器应选择同一品牌进行互联，安装时注意一定要把连接器对插到位。

请专业人员安装

◎ **定期检查和维护**

建议每月都要检查光伏系统的电线、连接器和其他关键部件是否磨损或松动，必要时联系厂家提供技术支持，及时更换或修复有问题的部分。

必要时寻求技术支持

◎ **安装电弧检测装置和隔离开关**

电弧检测装置可以监测系统中的电弧现象，在发现异常时发出警报。直流隔离开关可以在系统故障时切断电路，防止电弧扩散。

电弧检测装置

◎ 使用防火材料

光伏系统中使用防火阻燃材料可以降低电弧引起的火灾风险。有的防火阻燃材料上会有防火标志。

防火标志

知识链接

光伏电弧的技术防范

2021 年 11 月，国家能源局发布的《关于加强分布式光伏发电安全工作的通知（征求意见稿）》中明确要求，分布式光伏发电项目应安装电弧故障断路器或采用具有相应功能的组件，实现电弧智能检测和快速切断功能。

四、好好充个电——新能源车与电弧

随着环保意识的提升，越来越多的人开始将电动汽车和电动自行车作为出行的首选。相比传统的燃油车，这些新能源车有着减少尾气排放、降低噪声污染、节约能源资源等诸多优点。作为配套设施，电动车充电桩的数量也在迅速增长。在使用这些交通工具和设施的过程中，也需要警惕故障电弧的存在。

⚡ 电动汽车充电桩

电动汽车的充电桩有快充与慢充之分，其中快充采用大功率直流充电，多用于充电站内的公共充电桩；慢充采用交流电进行充电，多用于家庭的自有充电桩。抛开充电方式的差异，充电桩的主体结构基本相同，插头、电线在使用过程中若发生损坏或老化，就有可能因出现故障电弧进而引发火灾。

电动汽车充电引发火灾

⚡ 电动自行车与蓄电池

电动自行车依靠蓄电池供电，需要定期给蓄电池充电。有人采用"飞线"的方式对停放在楼下的电动车充电，这其实是非常危险的。"飞线"就是从楼上私自拉设的电线，由于没有固定，极易与墙体摩擦产生破损，且经过长时间风吹日晒雨淋后，电线容易加速老化，出现故障电弧或引发短路。此外，从自家拉出的插座普遍没有充满自停功能，电动自行车整夜过载充电容易损坏蓄电池，造成蓄电池鼓包、变形甚至发生自燃。

考虑到上述风险，强烈推荐电动自行车用户使用社区专用的电动自行车充电柜进行充电，不仅更安全，也更方便，用户无需担心私自拉设的电线可能带来的安全问题。此外，这些充电柜通常位于便于监控的区域，减少了被盗窃和破坏的风险。

⚡ 日常充电该注意什么？

◎ 使用合格的充电设备

选择经过认证的充电器和充电桩，确保其质量可靠。不要使用劣质或未经认证的设备，以免引发电弧故障。

◎ 定期检查充电桩

定期检查充电桩的插头、电线和连接器，确保它们没有损坏或老化。损坏的部件可能导致电弧的产生，应及时更换或修理。

◎ 遵守正确的充电操作

不能私自拆除电气保护装置，需要经常对电动自行车进行检查维护，同时电动自行车接线应固定并安装保护装置，并且充电时间一般不应超过 12 小时。

◎ 避免充电器接触水分

充电器特别是接口部分应远离水源或潮湿的环境，避免接触水

分。水分会导电，增加电弧故障引发的风险。

◎ **定期检查电池**

定期检查电动汽车以及电动自行车的电池状态，确保电池没有损坏或漏液。损坏的电池可能引发电弧故障，并造成火灾等事故。

五、都交给我吧！——故障电弧智慧防范

电弧故障断路器

众所周知，线路短路或超负荷都可能产生火花，严重时甚至引发火灾。如果人们用电安全意识不强，不正确使用电器，或者线路未及时维修导致老化，都可能会发生短路等故障，带来无法挽回的损失。

智慧防范电弧的关键在于电弧的监测和识别，电弧故障断路器应运而生。目前，电弧故障断路器主要用于私人住宅，但也适用于医院、日托机构、养老院、疗养院等高密度居住设施。它还适用于那些难以在短时间内疏散大量人员的场所，比如购物商场、火车站和机场等。另外，电弧故障检测装置还可以在存放贵重物品和易燃物品的建筑中使用，比如博物馆或图书馆。

对于个人用户，也可以联系专业人士在家庭的配电箱中安装故障电弧断路器，提高家庭电气安全的稳定运行系数。

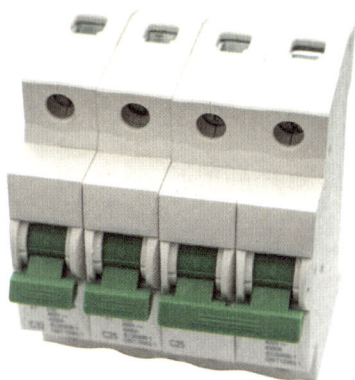

故障电弧断路器

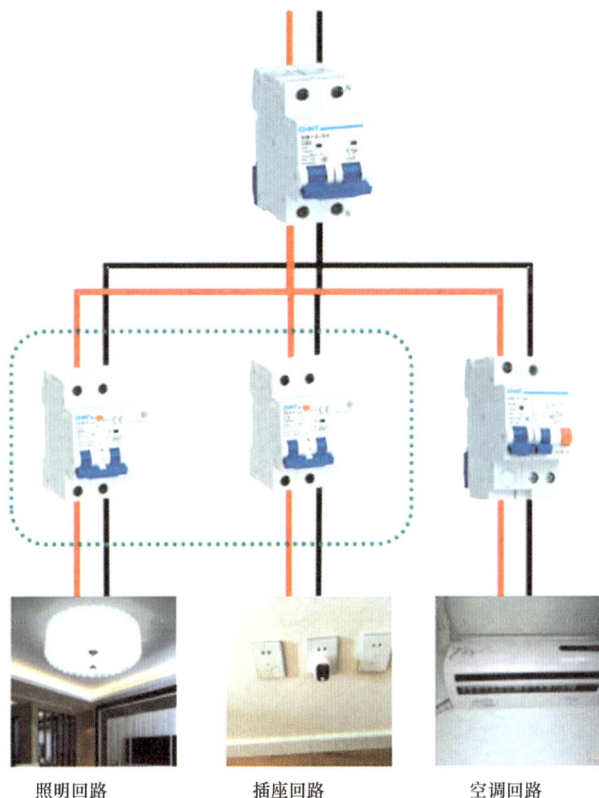

照明回路　　　　插座回路　　　　空调回路

电弧故障断路器安装示意图

⚡ 故障电弧监测技术

　　故障电弧监测技术是一项集软硬件技术、新型材料技术和现代通信技术等多个领域的新兴高科技,它能有效地预警大范围电气火灾。它是从电气火灾的起因入手,通过对电气线路的实时检测,能够区分每一相线上的正常操作电弧和故障电弧,并通过 RS485 总线,将故障点的信息传送至电气火灾监控设备,定位故障的区域。作为一项面向未来的前沿技术,故障电弧监测对于电气火灾的预防和保护人们的生命财产安全具有光明的应用前景。它的出现为电气火灾预防提供了一种先进的手段,能够及时检测和识别电路中潜在的电弧故障,从而提前采取措施进行处理,有效降低火灾风险。

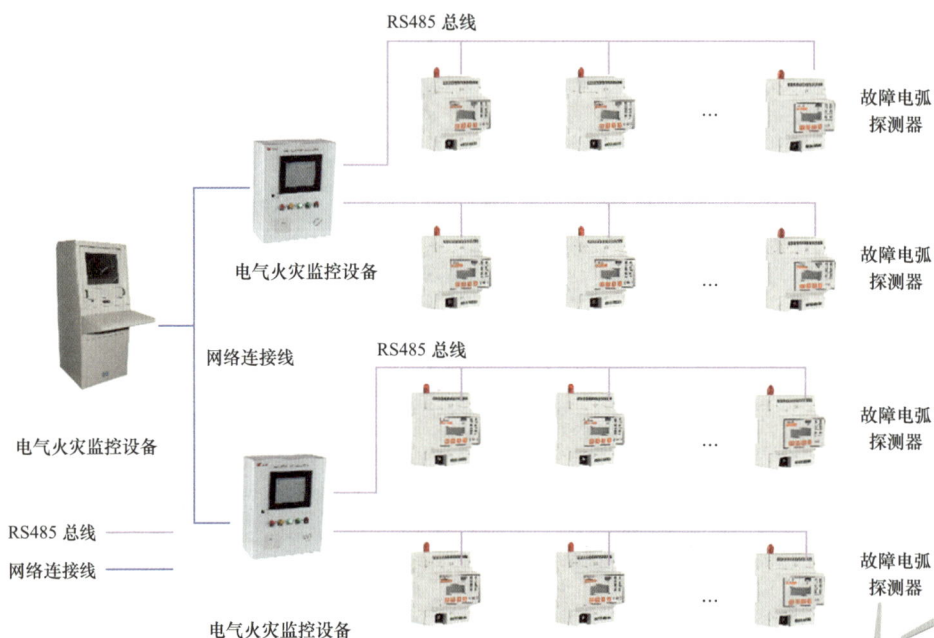

故障电弧监测接线示意图

随着故障电弧监测技术的不断完善和普及，电气火灾的风险将大幅降低，因此我们可以期待一个更安全的未来。同时我们也期待相关领域的专家、工程师继续探索和发展此类技术，为保护人类社会免受电气火灾的威胁做出更大的贡献！